BEI GRIN MACHT SICH IHR WISSEN BEZAHLT

- Wir veröffentlichen Ihre Hausarbeit,
  Bachelor- und Masterarbeit

- Ihr eigenes eBook und Buch -
  weltweit in allen wichtigen Shops

- Verdienen Sie an jedem Verkauf

Jetzt bei www.GRIN.com hochladen und kostenlos publizieren

Bibliografische Information der Deutschen Nationalbibliothek:

Die Deutsche Bibliothek verzeichnet diese Publikation in der Deutschen National-
bibliografie; detaillierte bibliografische Daten sind im Internet über http://dnb.d-
nb.de/ abrufbar.

Impressum:

Copyright © 2015 GRIN Verlag
Druck und Bindung: Books on Demand GmbH, Norderstedt Germany
ISBN: 9783668728431

Dieses Buch bei GRIN:

https://www.grin.com/document/428150

Sebastian Roth

Ökonomischer und ökologischer Vergleich der konventionellen und unkonventionellen Urangewinnungsmethoden

GRIN Verlag

GRIN - Your knowledge has value

Der GRIN Verlag publiziert seit 1998 wissenschaftliche Arbeiten von Studenten, Hochschullehrern und anderen Akademikern als eBook und gedrucktes Buch. Die Verlagswebsite www.grin.com ist die ideale Plattform zur Veröffentlichung von Hausarbeiten, Abschlussarbeiten, wissenschaftlichen Aufsätzen, Dissertationen und Fachbüchern.

Besuchen Sie uns im Internet:

http://www.grin.com/

http://www.facebook.com/grincom

http://www.twitter.com/grin_com

Seminararbeit

„Ökonomischer und ökologischer Vergleich der konventionellen und unkonventionellen Urangewinnungsmethoden"

Eingereicht von

Sebastian Roth

Studiengang: Wirtschaftsingenieurwesen Energie- und Rohstoffmanagement

Institut für Bergbau

Abteilung für Maschinelle Betriebsmittel und Verfahren im Bergbau unter Tage

Abgabe am: 27.05.2015

1 Einleitung

1.1 Problemstellung

Diese Arbeit behandelt im Schwerpunkt den ökonomischen sowie ökologischen Vergleich der konventionellen und unkonventionellen Urangewinnungsmethoden. Inhaltlich soll im Verlauf der Arbeit erörtert und dargelegt werden, welche unkonventionellen Urangewinnungsmethoden bekannt und technisch realisierbar sind. Anschließend sollen die Gewinnungsmethoden anhand von wirtschaftlichen Faktoren auf ihre Rentabilität geprüft, sowie die ökologischen Folgen der verschiedenen Gewinnungsmethoden evaluiert werden.

1.2 Gang durch die Arbeit

Zu Beginn dieser Seminararbeit wird in Kapitel 2 ein kurzer Ausblick auf den momentanen weltweiten Uranbedarf sowie die vorhandenen Ressourcen geworfen. Anschließend werden in Kapitel 3.1 die konventionellen Urangewinnungsmethoden kurz analysiert und erläutert. Kapitel 3.2 stellt im ersten Schritt die unkonventionellen Urangewinnungsmethoden vor, welche in den weiteren Unterkapiteln dargestellt und konkretisiert werden. Im Kapitel 4 findet schließlich ein Vergleich zwischen den verschiedenen Methoden auf ökonomischer (Kapitel 4.1) und ökologischer (Kapitel 4.2) Ebene statt. Kapitel 5 liefert eine kurze Auswertung des Vergleichs, sowie eine Schlussbetrachtung der Seminararbeit und der Zukunft der Urangewinnung.

2 Aktueller weltweiter Uranbedarf

In Deutschland beschloss 2011 die Bundesregierung nach der Nuklearkatastrophe von Fukushima den stufenweisen Atomausstieg bis 2022.[1] Dennoch nimmt der weltweite Uranbedarf zu. Laut Analysten ist im Jahre 2020 mit einer Zunahme des Uranbedarfs von 50% gegenüber dem Jahre 2011 zu rechnen. Vor allem durch die zunehmende Industrialisierung von Schwellenländern wie Indien, Russland und China steigt auch deren Energiebedarf, welcher zum großen Teil mit Kernenergie gedeckt werden soll. Vor allem in China findet ein Umdenken statt, weg von fossilen Brennstoffen – hin zur treibhausarmen Kernenergie. Ebenfalls wird in den Regionen Nordamerika, Lateinamerika und Afrika mit einem Anstieg des Uranverbrauchs gerechnet. Weltweit befinden sich 60 Reaktoren in der Bauphase und 163 in der Planungsphase (Stand: 2012).[2]

Aktuell gehen die in Japan abgeschalteten Atomkraftwerke (AKWs) wieder in Betrieb. Zusammen mit den neu errichteten AKWs steigt damit die weltweite Nachfrage nach Uran sowie deren Marktpreis auf den Spotmärkten. Langfristig wird der Uranmarkt eine Angebotsknappheit aufweisen, welche durch geschlossen werden muss.[3]

Momentan betragen die aktuellen weltweiten Uranressourcen 13,4 Millionen Tonnen. Die Besonderheit im Gegensatz zu anderen Energierohstoffen ist, dass die Vorräte (Ressourcen und Reserven) nach Gewinnungskosten unterteilt werden. Die momentane Grenze liegt bei <80USD/kg Uran. Einige Länder wie Argentinien, Iran oder Indien veröffentlichen keine Daten bezüglich ihrer Vorkommen, weshalb der angegebene Wert von 13,4 Millionen Tonnen spekulativer Natur ist.[4]

---

[1] Vgl. http://www.sueddeutsche.de/politik/gesetzespaket-zur-energiewende-kabinett-beschliesst-atomausstieg-bis-1.1105474
[2] Vgl. http://www.wiwo.de/finanzen/boerse/atomkraft-der-globale-uranbedarf-wird-zunehmen/6619648.html
[3] Vgl. http://www.investor-verlag.de/rohstoffe/der-uranbedarf-ist-nur-voruebergehend-gesunken-trendwende-voraus/111199571/
[4] Vgl. Andruleit, Energiestudie 2014, Bundesanstalt für Geowissenschaften und Rohstoffe (BGR) S.41.ff

Um Langfristig den weltweit steigenden Uranbedarf decken zu können, wird es nötig sein neben dem konventionellen Abbauverfahren sowie der Abrüstung von Kernwaffen und der Wiederaufbereitung von Kernelementen auch unkonventionelle Abbauverfahren wie der Urangewinnung aus Schwarzschiefer oder auch Kohle in Betracht zu ziehen.

3 Urangewinnungsmethoden

3.1 Konventionelle Urangewinnung

Grundsätzlich gibt es vier verschiedene konventionelle Urangewinnungsmethoden mit folgenden Anteilen: Tagebau 27,3%; Untertagebau 32,0%; Lösungsbergbau 27,2% und Uran als Nebenprodukt 8,9%.[5] Die größten Uranerzvorkommen der Erde befinden sich in Kanada, Russland, Kasachstan, Australien, USA, Südamerika sowie Namibia und Niger. Die Konzentration von Uran in der Erdkruste beträgt 2 bis 3 ppm. Uran kann in den meisten magmatischen, metamorphen sowie sedimentären Prozessen angereichert und umverteilt werden. Bei Uranerzlagerstätten gibt es sieben verschiedene Typen, wobei drei davon besonders wichtig sind, nämlich die Diskordanzlagerstätten, die Konglomeratlagerstätten, sowie die in Sandsteinen vorkommenden Lagerstätten.[6] Konventionell wird Uran in diesen Lagerstätten im Tiefbau, im Tagebau sowie im sogenannten Lösungsbergbau gewonnen. Das Verfahren zur Exploration, Gewinnung und Förderung ist dabei dasselbe, wie bei den üblichen nichtregenerativen Energieressourcen wie Braun- oder Steinkohle.

Die Exploration beginnt in der Regel mit großräumigen Untersuchungen (spektrometrische Befliegungen sowie geochemische Beprobungen) als auch elektromagnetische, gravimetrische und magnetische Vermessungen des potentiellen Abbaugebiets. Aufschlussbohrungen zur lithrochemischen Beprobung als auch der Bestimmung des Erzgehaltes folgen anschließend.

---

[5] Vgl. OECD/NEA (2010): Uranium 2009: Resources, Production and Demand; Daten aus 2008
[6] Vgl. Das Bergbau-Handbuch, S. 215 ff.

Die nächsten Schritte sind die sogenannte pre- feasibility sowie die feasibility Studie, welche die Wirtschaftlichkeit der Unternehmung betrachten. Der Aufschluss der Lagerstätte erfolgt dabei analog zu den Parametern der Lagerstätte (Lage, geologische Beschaffenheit des Rohstoffkörpers, Lagerstättenmächtigkeit sowie Hydrogeologie, Diskontinuitäten im Gebirge etc.), wobei die meisten gängigen Abbauverfahren angewendet werden.[7]

Der überwiegende Teil des Uranerzevorkommens wird im Tiefbau in einer Tiefe von mehr als 200 Metern unter Tage gewonnen. Erschlossen wird die Lagerstätte über die bekannten Aufschlussgrubenbaue wie Stollen, Rampen, Wendel, und Schächte. Des Weiteren wird zwischen dem Magazinabbau bei festem Nebengestein und dem Firstenstoßbau bei Lagerstätten mit geringer Mächtigkeit unterschieden. Zum Schutz der Bergarbeiter werden reiche massige Uranerze, in denen die Strahlenbelastung besonders hoch ist mittels besonderen maschinellen Abbauverfahren gewonnen („non-entry-mining").[8]

Bei Tiefen von bis zu 200 Metern wird das Uranerz im Tagebau ausgebeutet. Darüber hinaus hat sich ein weiteres konventionelles Abbauverfahren gebildet, welches geringe Kosten aufweist, weniger anspruchsvoll und angeblich umweltfreundlich ist, nämlich das In-Situ-Leaching-Verfahren (ISL) oder auch Lösungsbergbau. Um Zugang zu dem Uran zu erhalten, werden zuerst mehrere Löcher in die poröse Lagerstätte gebohrt und anschließend werden die Uranbestandteile mit Hilfe von meist verdünnter Schwefelsäure gelöst und durch die Bohrlöcher an die Oberfläche befördert. Folgend wird durch chemische Reaktionen das gelöste Uran weiterverarbeitet und kann als Kernbrennstoff für Kernkraftwerke fungieren.[9]

Die Aufbereitung des Urans beinhaltet im ersten Schritt das Entfernen von unerwünschten Begleitstoffen durch Extraktion, Filtern und Dekantieren. Folgend wird durch eine Addition von Ammoniak Uran aus der Flüssigkeit

---

[7] Vgl. Das Bergbau-Handbuch, S. 217
[8] Vgl. Das Bergbau-Handbuch, S. 217
[9] Vgl. http://www.energiewendebuendnis.de/Uranabbau/uranabbau.html

ausgefällt. Schließlich entsteht durch Trocknung und Eindickung der Lösung der sogenannte „Yellowcake", welcher einen Urangehalt von etwa 70-80% aufweist. In einem weiteren Schritt, dem sogenanntem Calzinieren kann Urankonzentrat (Uranoxid U3O8) hergestellt werden.[10] Nicht zu vernachlässigen ist bei dem ISL-Verfahren noch der ökologische Aspekt sowie die langfristigen Folgen für die Umwelt. Bei allen konventionellen Gewinnungsarbeiten fallen radioaktive Abfallprodukte und problematische Schwermetalle an. Insbesondere bei dem In-Situ-Leaching-Verfahren besteht eine große Gefahr der Kontamination des Grundwassers durch eine Mischung aus Schwermetallen, Säure und Radionukliden. Die Uranmine Königstein der Wismut GmbH im östlichen Erzgebirge, welche das ISL-Verfahren anwandte wird seit 1990 aufwendig saniert um die entstandenen ökologischen Schaden dauerhaft zu beseitigen. Darüber hinaus waren zahlreiche Mitarbeiter über einen längeren Zeitraum der Belastung ausgesetzt und erlitten dabei häufig Krebserkrankungen oder verstarben früh.[11]

3.1.1 Uran als Nebenmineral

In Südafrika, Australien und Indien gibt es Lagerstätten, in denen Uran lediglich als Nebenmineral ökonomisch effizient gewonnen werden kann. Aufgrund wirtschaftlicher Umstände Südafrikas existiert momentan nur ein Goldbergwerk, nämlich „Vaal River", in dem das Uran als Nebenprodukt zu Gold gewonnen wird. In den übrigen Goldbergwerken des Landes landet das Uran auf den Deponien unter weiteren Aufbereitungsrückständen. In der massiven Kupferlagerstätte Olympic Dam, Australien, ist Uran mit einer Konzentration von 0,053 % vorhanden, was 302 Tonnen Uran entspricht. Ebenfalls Kupfererze aus den Lagerstätten Rakha, Surda und Mosaboni, Indien enthalten eine Urankonzentration von etwa 0,0085 %, welches in den dortigen Aufbereitungsanlagen von Kupfer und weiteren Abbaurückständen getrennt wird.[12]

---

[10] Vgl. http://www.kernbrennstoff.de/inhalte/brennstoffkreislauf/uran-reichweite.html
[11] Vgl. http://www.umweltanwaltschaft.at/atomschutz/glossar-zum-thema/8830-situ-laugung
[12] Vgl. Diehl Peter, Greenpeace Reichweite der Uran-Vorräte der Welt, Berlin 2006 S. 13

3.2 Unkonventionelle Urangewinnung

Unkonventionelle Urangewinnungsmethoden sind jene Verfahren, welche heutzutage aufgrund wirtschaftlicher Aspekte keine praktische Anwendung im Uranbergbau finden. Darunter fallen die Gewinnung aus Phosphatgestein, Schwarzschiefer, Meerwasser sowie Kohleasche aus dem Kohlekraftwerksprozess.

3.2.1 Urangewinnung aus Meerwasser

Das weltweit größte bekannte Uranvorkommen befindet sich nicht etwa unter Tage in Form eines Erzes, sondern mit ca. 4,5 Milliarden Tonnen (Gehalt 3,3 µg/l) im Meerwasser. Bereits seit einigen Jahren wird besonders in Japan und den USA im Bereich der Uranextration aus Meerwasser geforscht. Bei dieser umweltschonenden Methode wird mittels speziell imprägnierter Matten, die man über einen längeren Zeitraum im Salzwasser der Ozeane versenkt, Uranpartikel gefiltert und gesammelt.[13]

Dies geschieht mittels einer speziellen Polymerisationstechnik. Im ersten Schritt wird zunächst ein poröses Polymergerüst auf Basis von Vinylbenzylchlorid (VBC) und Divinylbenzol (DVB) hergestellt. Im nächsten Polymerisationsschritt wird mit einer so genannten Atom-Transfer-Radikal-Polymerisation (ATRP) eine Polyacrylnitril-Ketten gebildet. Abschließend werden die gebildeten Polyacrylnitril-Ketten in Polyamidoxime umgewandelt, da diese Uranylionen sehr gut binden können.[14]

Allerdings ist dieses Verfahren verglichen mit den konventionellen Verfahren zu kostenintensiv. Schätzungen gehen von einem Preis von 390$ bis 700$ pro Kilogramm Uran aus.[15] [16] Eine weitere Schätzung des PCAST („The President's Committe Of Advisors On Science and Technology") geht davon aus, dass das Uran zu einem Preis von 312$ pro

---

[13] Vgl. http://www.zeit.de/wissen/umwelt/2010-02/erde-sd-uran/seite-4
[14] Vgl. Seawater Uranium Sorbents: Preparation from a Mesoporous Copolymer Initiator by Atom-Transfer Radical Polymerization
[15] Vgl. OECD Resources, Redbook Production and Demand 2007
[16] Vgl. http://www.regenerative-zukunft.de/kernenergie-menu/uranfoerderung-und-vorraete

Kilogramm zu gewinnen sei.[17] Jedoch befindet sich das Verfahren in der Forschungsphase und es ist langfristig mit einer dauerhaften Kostensenkung zu rechnen, welcher Umfang jedoch unbekannt ist (Schätzungen drei- bis sechsfache von konventionell gewonnenem Uran).[18]

3.2.2 Urangewinnung aus Phosphatlagerstätten

Ein Kilogramm Phosphat (Salz und Ester der Orthophosphorsäure (H3PO4)) enthält im Schnitt 8 bis 220 Milligramm Uran, und dient damit einer weiteren wichtigen potentiellen Quelle der unkonventionellen Urangewinnung.[19] Weltweit sind laut der internationalen Atomenergiebehörde IAEA ca. neun Millionen Tonnen an Natururan in den Phosphatlagerstätten gebunden.

Um das Uran zu gewinnen wird im ersten Schritt der Urangewinnung durch Säurezersetzung (mittels Schwefelsäure und rückgeführter Phosphorsäure) aus dem gewonnenem Phosphatgestein eine Phosphorsäurelösung hergestellt. Aus dieser Phosphorsäurelösung wird im nächsten Schritt mittels mehrerer Methoden (Lösungsmittelextraktionsmethode, Ionenaustauschermethode, Fällungsmethode, Absorptionsmethode) in einem Nassverfahren das Uran gewonnen.[20]

Pro Kilogramm Yellowcake fallen laut CAPEX 150-200 US-$/kg Uran und laut OPEX 50-70 US-$/Kg Uran pro Jahr an. CAPEX (CAPital EXpenditure) beinhaltet die Investitionskosten einer Unternehmung für längerfristige Anlagegüter wie Maschinen oder Immobilien. OPEX (OPerational EXpenditure) steht für die reinen Betriebskosten eines Vorhabens.[21]. Eine Andere Quelle gibt Betriebskosten von 22 bis 54 US$/lb U_3O_8 an.[22]

---

[17] Vgl. Diehl Peter, Greenpeace Reichweite der Uran-Vorräte der Welt, Berlin 2006 S.13
[18] Vgl. http://www.eike-klima-energie.eu/uploads/media/Uranvorraete.pdf
[19] Vgl. http://dipbt.bundestag.de/dip21/btd/17/060/1706019.pdf
[20] Vgl. http://www.patent-de.com/19870527/DE3206355C2.html
[21] Vgl. Uranium Equities: AUSTMINE AUG 2011
[22] Vgl. Diehl Peter, Greenpeace Reichweite der Uran-Vorräte der Welt, Berlin 2006 S.13

Phosphat wird üblicherweise in der Landschaft als Dünger eingesetzt und hat dadurch mit seinem Urananteil teilweise gravierende negative Auswirkungen auf die Umwelt. "Eine übliche Mineraldüngung bringt jährlich etwa 10 bis 22 Gramm Uran auf den Hektar Acker".[23] Durch das Einsetzen von Phosphor als Dünger werden langfristig Gewässer, Trinkwasser und Lebensmittel mit radioaktivem Material kontaminiert. In vielen deutschen Kommunen übersteigt der Urangehalt im Trinkwasser bei weitem die vorgegebenen Grenzwerte. Problematisch sei nicht die Strahlung, sondern die Giftigkeit für den Menschen.[24]

3.2.3 Urangewinnung aus Schwarzschiefer

Eine weitere natürliche Quelle von Uran mit einem Urangehalt von 0,002% ist der sogenannte Schwarzschiefer. Allgemein sind diese Lagerstätten durch maritime Sedimente geringer Mächtigkeit und großer Flächenausdehnung charakterisiert.[25] Die weltweit größten Schwarzschieferlagerstätten befinden sich in Ranstad, Schweden; Chattanooga, USA und Ronneburg, Thüringen. Ronneburg ist bislang die einzig bedeutende Schwarzschieferuranlagerstätte weltweit (zwischen 1950 und 1990 wurden hier ca. 113.000 t Uran gefördert), welche jedoch momentan für mehrere Millionen Euro saniert wird.

Im Jahr 1990 wurden weitere 87.243 t Uran mit Erzgehalten zwischen 0,02% und 0,09% als Ressourcen ausgewiesen.[26] Aufgrund von Ausdehnung und Lagerstättengeometrie wäre der Schwarzschieferabbau zur reinen Urangewinnung in industriellem Maße mit hohen Kosten und Umweltschäden verbunden und damit unrentabel. Lediglich bei einem sehr hohen Marktpreis von Uran wäre die Gewinnung aus Schwarzschiefer wirtschaftlich. Es wären massive Bergwerke, Aufbereitungsanlagen und Deponien zu errichten.[27]

---

[23] Ewald Schnug ‚Bundesforschungsanstalt für Landwirtschaft (FAL), Zeit 2005
[24] Vgl. http://www.umweltinstitut.org/themen/radioaktivitaet/radioaktivitaet-und-gesundheit/natuerliche-radioaktivitaet/radioaktivitaet-im-trinkwasser.html
[25] Vgl. Die Lagerstätten des Urans, Albert Maucher, 1962 S. 108 ff.
[26] Vgl. M. Hagen, R. Scheid, W. Runge, WISMUT GmbH, Chemnitz (Hrsg.): Chronik der Wismut, 1999
[27] Vgl. Diehl Peter, Greenpeace Reichweite der Uran-Vorräte der Welt, Berlin 2006

3.2.4 Urangewinnung aus Kohleasche

Im Schnitt enthält europäische Kohle circa 80–135 ppm Uran. Seit einigen Jahren forschen vor allem in Kanada und China Firmen und Wissenschaftler an einer Methode, die es möglich macht Uran aus der anfallenden Asche eines Kohlekraftwerkprozesses zu gewinnen („Ash-Mining"). In der Zeitspanne von 1960 bis 1970 wurde in den USA circa 1100 Tonnen Uran aus Kohleasche gewonnen. Hier wird das sogenannte Sparton-Verfahren angewandt, wobei der Kraftwerksasche Wasser, Schwefel und diverse Säuren hinzugeführt werden. In Folge dessen entsteht ein Brei, in welchem das Uran durch die Säuren gebunden wird. Mittel eines Sparton Kohlefilters wird etwa 2/3 des ursprünglichen Urans aus der Asche gewonnen. Der Urangehalt der Asche, die das Sparton Verfahren durchläuft ist mit 210 ppm Uran angegeben und weist damit einen höheren Gehalt als manche Uranerze auf. Sparton plant jährlich mit Hilfe der anfallenden Asche aus drei chinesischen Kohlekraftwerken 120t Uran herzustellen.[28] Laut der Firma Sparton Research aus Toronto (Kanada) beträgt der Preis 77 US $ pro kg Uran, bei einem Uran Spot Markt Preis von ungefähr 90 US $ pro kg.[29] [30]

4 Vergleich der vorgestellten Methoden

4.1 Ökonomischer Vergleich

Auf den Spotmärkten wird der Uranpreis üblicherweise in US-Dollar je Pfund U_3O_8 angegeben. Momentan beträgt der Uranpreis 35,75 $ (Stand: 18.05.2015).[31] 1$/lb U_3O_8 entspricht dabei 2,6 $/Kg Uran.[32] Das Kilogramm Uran kostet folglich 92.95 $.

Werden nun die konventionellen Urangewinnungsmethoden mit den unkonventionellen Uranabbauverfahren auf finanzieller Ebene verglichen, so fällt auf, dass die konventionellen Verfahren in Bezug auf ihre

---

[28] Vgl. Dirk Jansen, Radioaktivität aus Kohlekraftwerken, 2008
[29] Vgl. http://www.eike-klima-energie.eu/climategate-anzeige/das-maerchen-der-schwindenden-uran-reserven/
[30] Vgl. http://www.world-nuclear.org/info/Safety-and-Security/Radiation-and-Health/Naturally-Occurring-Radioactive-Materials-NORM/
[31] Vgl. http://www.finanzen.net/rohstoffe/uranpreis
[32] Vgl. http://energywatchgroup.org/wp-content/uploads/2014/02/EWG_Uranpreise_Hintergrund_4-2007.pdf

Rentabilität im Vorteil sind. Im Konventionellen Abbauverfahren (Tage,-Tiefbau) wird ein CAPEX 70-80 US-$/kg Uran pro Jahr, und ein OPEX 20-80 US-$/kg Uran pro Jahr angegeben. Das in-situ Leaching-Verfahren (Lösungsbergbau) hingegen weist einen OPEX von 10-40 US-$/kg Uran pro Jahr auf. Bei dem Phosphatbergbau als unkonventionelles Verfahren betragen im Vergleich pro Jahr CAPEX 150-200 US-$/kg Uran sowie OPEX 50-70 US-$/Kg Uran.[33] [34] Die Gewinnung aus Meerwasser wird hingegen mit einem Wert von 390$ - 700$ pro Kg geschätzt. Das ökonomisch sinnvollste unkonventionelle Gewinnungsverfahren ist die Urangewinnung aus Kohleasche mit einem angegebenen Wert von 77 US$ pro Kg.

Bei dem momentanen Spotmarktpreis von Uran sind die meisten unkonventionellen Abbauverfahren ökonomisch ineffizient. Ein Hauptaspekt des momentanen Uranpreises liegt daran, dass von 1947 bis 1988 zu militärischen Zwecken viel Uran abgebaut wurde, welches nicht verbraucht wurde. Nach Beendigung des Kalten Krieges und dem Fall des Eisernen Vorhangs wurden nicht mehr benötigte Kernwaffensysteme verschrottet und Uran aus diesen extrahiert. Demzufolge wurde der Uranmarkt stetig von spaltbarem Material überschwemmt, was seit den 80er Jahren den Preis fallen lässt. Folglich war es nicht mehr wirtschaftlich einige Minen, vor allem im Phosphatbergbau, zu betreiben, so dass diese geschlossen werden mussten.

In den letzten Jahren ist jedoch ein Trend des steigenden Uranpreises zu erkennen. Eine weltweite Nuklear-Renaissance, also ein verstärkter Fokus auf Uran als Energieträger vor allem in China und Indien ist zukünftig zu konstatieren. Experten der Nuclear Energy Agency der OECD gehen davon aus, dass bis Mitte des 21. Jahrhunderts die Kapazitäten in der Atomenergiebranche um 375 Prozent steigen könnten. Folglich ist von einer langfristigen Uranpreissteigerung auszugehen.[35]

---

[33] Vgl. IAEA -Uranium from Unconventional Resources
[34] Vgl. Uranium Equities: AUSTMINE AUG 2011
[35] Vgl. http://www.handelsblatt.com/finanzen/maerkte/devisen-rohstoffe/rohstoffe-nuklear-renaissance-treibt-uranpreis-seite-2/3236334-2.html

Diese Entwicklung hat zwei Auswirkungen, welche die unkonventionellen Urangewinnungsmethoden für Energieversorger zukünftig wirtschaftlich interessant machen könnten. In erster Linie sorgt ein hoher Marktpreis dafür, dass alternative Technologien wie die Urangewinnung aus Schwarzschiefer oder Phosphatlagerstätten wieder ökonomisch sinnvoll wird und damit aufgegebene Lagerstätten wieder eröffnet werden. Darüber hinaus könnte ein hoher Marktpreis die Etablierung der Urangewinnung aus Meerwasser oder Kohleasche vorantreiben.

Auf der anderen Seite muss das Angebot die steigende Nachfrage befriedigen, was bereits heutzutage ein Problem darstellt. [36] Die technisch und wirtschaftlich abbaubaren Reserven verringern sich jährlich. Aus rein ökonomischer Sicht ist die Forschung und Weiterentwicklung an unkonventionellen Abbaumethoden notwendig.

4.2 Ökologischer Vergleich

4.2.1 Uranbergbau

Allgemein gilt Kernenergie als „saubere" Alternative zu fossilen Brennstoffe wie Kohle oder Gas, da keine klimaschädlichen Gase emittiert werden. Die Urangewinnung birgt jedoch ein massives Umweltgefährdungspotential. Durch Uranbergbau entstehen riesige Abraumhalden, Schlammbecken und Abfälle, welche durch ihren radioaktiven Inhalt die Umwelt mit radioaktivem Material kontaminieren.

Durch Leckagen in Abraumhalden und Schlammbecken ist ein Kontakt mit Grundwasser und Flüssen möglich. Darüber hinaus ist eine kilometerweite Verteilung durch Wind und Staub möglich. Zukünftig wird immer mehr Abraum bewegt werden müssen, da Vorkommen mit hohem Gehalt an Uranerz nicht mehr in ausreichendem Maße zur Verfügung stehen. Der steigende Uranpreis führt zum wirtschaftlichen Abbau von Uran mit niedrigeren Konzentrationen und verstärkt damit diesen Effekt. Um ein

---

[36] Vgl. http://www.handelsblatt.com/finanzen/maerkte/devisen-rohstoffe/rohstoffe-nuklear-renaissance-treibt-uranpreis-seite-2/3236334-2.html

Kilogramm Yellowcake herzustellen sind ungefähr 2000 Kilogramm Natururan nötig.[37]

Eine weitere Gefahr ist der enorme Wasserverbrauch der bei der Herstellung des Yellowcake anfällt. Insbesondere in Afrika leiden Menschen am Trinkwassermangel durch Uranbergbau. Vor allem in ärmeren Regionen, in denen ein hoher Kostendruck herrscht werden vermehrt chemisch und radioaktiv kontaminiertes Wasser in umliegende Seen und Flüsse gepumpt. Bevölkerung und Mienenarbeiter sind besonders durch Radon-Freisetzung der Mienen gefährdet, welches im Verdacht steht krebserregend zu sein. In dem Zeitraum von 1945 bis 1990 sind bei der Wismut AG im Erzgebirge 5237 Mitarbeiter an Lungenkrebs erkrankt, 220.000 Tonnen Uran gefördert, 500 Millionen Tonnen radioaktiv verseuchtes Material mitproduziert und mindestens 168 Quadratkilometer Fläche verseucht worden.[38]

Zusätzlich ist die tatsächliche CO_2 Belastung der Umwelt um einiges höher als bisher angenommen, mit steigender Tendenz. 2011 erstellte die Österreichische Energieagentur die Studie „Energiebilanz der Nuklearindustrie" und bewies damit, dass eine Kilowattstunde Atomenergie 288 g CO_2 emittiere. Es werde mit einer zukünftig stärkeren Urannachfrage und abnehmender Urankonzentration in den Lagerstätten argumentiert.[39]

4.2.2 In-Situ-Leaching-Verfahren (ISL)

Der große Vorteil des Lösungsbergbaus (ISL) ist der, dass keine Abraumhalden, Schlammbecken oder große Abfälle anfallen und es zu keiner effektiven Bewegung von Gestein kommt. Mitarbeiter werden einer geringeren radioaktiven Belastung als beim Uranbergbau ausgesetzt. Dennoch ist einer Kontaminierung des Grundwassers nicht vollkommen ausgeschlossen. Des Weiteren wird an der Oberfläche die giftige und strahlende Lösungsflüssigkeit angesammelt und anschließend in

---

[37] Vgl. http://www.energiewendebuendnis.de/Uranabbau/uranabbau.html
[38] Vgl. http://www.netzwerk-regenbogen.de/akwi05050102.html
[39] Vgl. http://www.wua-wien.at/images/stories/publikationen/studie-energiebilanz-nuklearindustrie-kurzfassung.pdf

Verdunstungsbecken befördert, aus denen Radon (Rn-222) an die Umwelt entweichen kann.[40]

Daneben entsteht bei Schließung einer ISL-Mine ein enormes Umweltgefährdungspotential. Die Lösungsflüssigkeit bleibt im porösen Gestein eingeschlossen, welche Schadstoffe wie Arsen, Cadmium, Uran und Nickel beinhalten. Im tschechischen Straz pod Ralskem hat sich die verseuchte Lösungsflüssigkeit ausgebreitet und damit 200 Millionen Kubikmeter Wasser vergiftet. In einem Zeitraum von 30 Jahren wurden hier vier Millionen Tonnen Säure in das Erdreich gepumpt. Die Sanierung des Gebiets wird noch ca. 30 Jahre in Anspruch nehmen und 2,24 Milliarden Euro kosten. Aus der Reinigung werden jährlich einige dutzend Tonnen Uran und Aluminiumsulfat gewonnen.[41]

4.2.3 Unkonventionelle Methoden

Die vorgestellte Variante der Urangewinnung aus den Weltmeeren mittels der Polymerisationstechnik mit Hilfe speziell beschichteter Matten hat bloß ein geringes Umweltgefährdungspotential. Ältere, bereits erforschte Methoden verwenden jedoch zur Extraktion chemische Fällungen und Ionenflotationen, bei denen große Mengen an chemischen Stoffen benötigt werden, welche im Nachhinein schwierig zu beseitigen sind.[42]

Die Urangewinnung aus Phosphatgesteinen in größerer Dimension hat sogar den positiven Umwelteffekt, dass folglich der Urananteil in industriell verarbeiteten Phosphaten und damit schließlich in Phosphatdünger sinken würde und damit die Kontamination von Ackerböden, Lebensmitteln und Trinkwasser verlangsamen würde.[43] Darüber hinaus wird Phosphor größtenteils in Tagebaubetrieben abgebaut und unterliegt damit der üblichen Umweltgefährdung, die durch Tagebaue entstehen, wie die Absackung des Erdreichs, die Absenkung des Grundwassers und damit mögliche Bergschäden.

---

[40] Vgl. http://www.nuclear-risks.org/fileadmin/user_upload/pdfs/Uranabbau/Factsheet3.pdf
[41] Vgl. http://www.wua-wien.at/images/stories/publikationen/uranabbau.pdf
[42] Vgl. http://www.patent-de.com/19870219/DE2711609C2.html
[43] Vgl. Diehl Peter, Greenpeace Reichweite der Uran-Vorräte der Welt, Berlin 2006 S.13

Ökologisch betrachtet ist die Urangewinnung aus Schwarzschiefer problematisch, da hier ebenfalls im Laufe der Zerfallskette von Uran beim Abbau Radium und daraus schließlich das radioaktive Edelgas Radon entsteht. Viele Bergarbeiter im Bereich der ehemaligen DDR starben an der „Schneeberger Krankheit" durch einen durch das Radon verursachten Lungenkrebs.[44] Weiterhin wäre durch die benötigten enormen Bergwerke, Aufbereitungsanlagen und Deponien das Ökosystem der jeweiligen Region in besonderem Maße belastet.

Kohlekraftwerke weisen eine deutlich höhere Strahlenbelastung der Umwelt als Kernkraftwerke. Laut Amerikanischen Forschern setzt ein 1 Gigawatt Kohlekraftwerk jährlich ca. 12,8 Tonnen Thorium und 5,2 Tonnen Uran frei. Damit sei die Strahlenbelastung mehr als drei Mal so hoch wie bei ähnlich dimensionierten Kernkraftwerken.[45] Dafür verantwortlich ist der hohe Urananteil der verwendeten Kohle. Im Verbrennungsprozess entsteht Radon, welches heutzutage noch nicht von Rauchgasfiltern gefiltert und damit der Eintritt in die Umwelt verhindert werden kann.

Zusätzlich steigt im Laufe des Kraftwerkprozesses der Urananteil der Asche um das zehnfache im Gegensatz zu der ursprünglichen Kohle. Uranhaltige Aschehalden stellen demzufolge aufgrund der Flugeigenschaften von Asche eine enorme Bedrohung für das Ökosystem dar, welcher dauerhaft beseitigt werden muss. Wird nun das Uran aus der Kraftwerksasche gewonnen und für Kernkraftwerke nach dem beschriebenen Spartonverfahren angereichert, so wird ein gewisser Teil zum Umweltschutz beigetragen.[46] [47]

---

[44] Vgl. Laquai Freisetzung von Radioaktivität durch Hydraulisches Fracking, 2013 S.2
[45] Vgl. A.GABBARD: Coal Combustion: Nuclear Resource or Danger? ORNL Review, Summer/Fall 1993, Vol. 26, Nos. 3 and 4.
[46] Vgl. http://www.zillmer.com/geo_43.html
[47] Vgl. Radioaktivität aus Kohlekraftwerken, Dirk Jansen

5 Auswertung des Vergleichs

Zusammenfassend lässt sich feststellen, dass die Unkonventionellen Urangewinnungsmethoden ökonomisch betrachtet noch zu hohe Kosten verursachen. Jedoch werden alternative Methoden im Laufe der Zeit eine immer größere Rolle einnehmen. Der weltweite Uranbedarf aufgrund politischer Entscheidungen steigt, die Anzahl an Kernkraftwerks Neubauten nimmt stetig zu, die wirtschaftlich abbaubaren Reserven nehmen ab. Vor allem ist zukünftig aufgrund der Verknappung des Angebots mit einem steigenden Uranpreis zu rechnen, was wiederum die unkonventionellen Abbauverfahren immer interessanter macht. In einigen Jahrzehnten wird der Break-Even Point erreicht sein, an dem es günstiger sei z.B. Uran aus Meerwasser zu gewinnen als aus Uranerzen. Die Urangewinnung aus Kohleasche wird schon voraussichtlich in den kommenden Jahren eine tragende Rolle im Bereich der Uranbeschaffung spielen.

Auf der Ökologischen Seite spricht ebenfalls vieles für Unkonventionelle Urangewinnungsmethoden. Vor allem die konventionellen Verfahren wie Uranbergbau und das In-Situ-Leaching-Verfahren verursachen massive Umweltschäden, welche teilweise irreparabel sind. Auf der anderen Seite gibt es theoretisch Verfahren (Urangewinnung aus Meerwasser), welche im Bereich der Urangewinnung kaum negative Auswirkung auf das Ökosystem haben und damit langfristig und nachhaltig als Uranquelle fungieren können. Vor allem das Spartonverfahren und die Gewinnung aus Phosphatgesteinen können einen gewissen Beitrag zum Umweltschutz liefern.

Jedoch wurde sich in dieser Seminararbeit lediglich mit der Seite der Urangewinnung beschäftigt. Es besteht weiterhin die Endlager-Problematik von Radioaktiven Abfällen, für die noch keine angemessene Lösung gefunden wurde. Ferner kommt es immer wieder zu Unfällen und Katastrophen in Kernkraftwerken, welche riesige Flächen mit Strahlung kontaminieren und damit das Ökosystem der jeweiligen Regionen für Jahrhunderte beschädigen.

Literaturverzeichnis

1. http://www.sueddeutsche.de/politik/gesetzespaket-zur-energiewende-kabinett-beschliesst-atomausstieg-bis-1.1105474

2. http://www.wiwo.de/finanzen/boerse/atomkraft-der-globale-uranbedarf-wird-zunehmen/6619648.html

3. http://www.investor-verlag.de/rohstoffe/der-uranbedarf-ist-nur-voruebergehend-gesunken-trendwende-voraus/111199571/

4. Andruleit, Energiestudie 2014, Bundesanstalt für Geowissenschaften und Rohstoffe (BGR)

5. OECD/NEA (2010): Uranium 2009: Resources, Production and Demand; Daten aus 2008

6. Dr.-Ing. Erwin Ahland, Das Bergbau-Handbuch, 5. Auflage, 1994

7. http://www.energiewendebuendnis.de/Uranabbau/uranabbau.html

8. http://www.kernbrennstoff.de/inhalte/brennstoffkreislauf/uran-reichweite.html

9. http://www.umweltanwaltschaft.at/atomschutz/glossar-zum-thema/8830-situ-laugung

10. Diehl Peter, Greenpeace Reichweite der Uran-Vorräte der Welt, Berlin 2006

11. http://www.zeit.de/wissen/umwelt/2010-02/erde-sd-uran/seite-4

12. Dr. Yanfeng Yue ,Seawater Uranium Sorbents: Preparation from a Mesoporous Copolymer Initiator by Atom-Transfer Radical Polymerization, 2013

13. OECD Resources, Redbook Production and Demand 2007

14. http://www.regenerative-zukunft.de/kernenergie-menu/uranfoerderung-und-vorraete

15. www.eike-klima-energie.eu/uploads/media/Uranvorraete.pdf

16. dipbt.bundestag.de/dip21/btd/17/060/1706019.pdf

17. www.patent-de.com/19870527/DE3206355C2.html

18. Uranium Equities: AUSTMINE AUG 2011

19. http://www.zeit.de/2005/23/N-Uran

20. http://www.umweltinstitut.org/themen/radioaktivitaet/radioaktivitaet-und-gesundheit/natuerliche-radioaktivitaet/radioaktivitaet-im-trinkwasser.html

21. Die Lagerstätten des Urans, Albert Maucher, 1962

22. M. Hagen, R. Scheid, W. Runge, WISMUT GmbH, Chemnitz (Hrsg.): Chronik der Wismut, 1999

23. Dirk Jansen, Radioaktivität aus Kohlekraftwerken, 2008

24. http://www.eike-klima-energie.eu/climategate-anzeige/das-maerchen-der-schwindenden-uran-reserven/

25. http://www.world-nuclear.org/info/Safety-and-Security/Radiation-and-Health/Naturally-Occurring-Radioactive-Materials-NORM/

26. http://www.finanzen.net/rohstoffe/uranpreis

27. http://energywatchgroup.org/wp-content/uploads/2014/02/EWG_Uranpreise_Hintergrund_4-2007.pdf

28. IAEA -Uranium from Unconventional Resources

29. http://www.handelsblatt.com/finanzen/maerkte/devisen-rohstoffe/rohstoffe-nuklear-renaissance-treibt-uranpreis-seite-2/3236334-2.html

30. http://www.energiewendebuendnis.de/Uranabbau/uranabbau.html

31. http://www.netzwerk-regenbogen.de/akwi05050102.html

32. http://www.wua-wien.at/images/stories/publikationen/studie-energiebilanz-nuklearindustrie-kurzfassung.pdf

33. http://www.nuclear-risks.org/fileadmin/user_upload/pdfs/Uranabbau/Factsheet3.pdf

34. http://www.patent-de.com/19870219/DE2711609C2.html

35. Laquai Freisetzung von Radioaktivität durch Hydraulisches Fracking, 2013

36. A.GABBARD: Coal Combustion: Nuclear Resource or Danger? ORNL Review, Summer/Fall 1993, Vol. 26, Nos. 3 and 4.

37. http://www.zillmer.com/geo_43.html